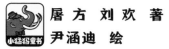

屠方 刘欢 著
尹涵迪 绘

你好，中国的房子

蒙古族的蒙古包

电子工业出版社
Publishing House of Electronics Industry
北京·BEIJING

内蒙古自治区位于我国北部，东西距离2400千米，是中国东西直线距离最长的省级行政区，也是蒙古族主要的聚居地，拥有丰富的草原资源。

蒙古族世代居住在这水草茂盛的地方。为了遵循自然规律，保证草原的可持续利用，他们按照时节轮转使用不同的草场，过着逐水草而居的游牧生活。

蒙古族的先人为了适应游牧生活，千百年来不停地改进房屋。

最初，他们用兽皮、树叶当作房屋的材料，并用木杆撑起屋子。但是这样的木杆屋狭小昏暗，不保暖也十分不舒服。

后来，经过逐步改良，屋子更加便于安装、拆卸和运输，房屋的使用面积也增大了很多。而且房屋具备了利于空气流通、冬暖夏凉、防风避雨的特点。这种改良以后的房屋，被称为蒙古包。

　　在碧蓝如洗的天空下，生性豪爽、热情奔放的蒙古族人民，骑着马儿在绿草如茵的草原上放牧。有朋自远方来，蒙古族人民会在蒙古包里热情招待，还会给客人献上哈达，表达自己的敬意和祝福。

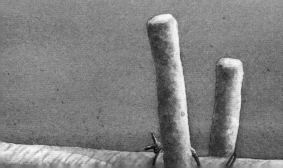

　　建蒙古包时，蒙古族人会根据四季的变化选择不同的地方。

　　春季有倒春寒，要选择背风的地方。夏季炎热，蚊虫较多，需要和水源保持一定的距离，所以选址在地势较高、视野开阔的地方。

　　秋季风大，要选择草木茂盛、地势低缓的地方。冬季寒冷而漫长，则要在灌木茂盛的地方安营扎寨，不易积雪，也能阻挡冬天的暴风雪。

　　不管在哪里搭建蒙古包，蒙古族人都忌讳选择沟壑地形，因为那里会有豺狼出没，非常不安全。

　　选择基址时，不能选往年被别人搭建过的旧基址，那会给新家带来坏运气。如果基址符合条件，就开始平整地面，清除杂草、碎石。讲究的牧民还会挖一个深约20厘米的坑，铺上一层牛粪并回填泥土踩实，使得地面更加防潮。

因为亚欧大陆冬季盛行寒冷的西北季风，所以门的朝向对蒙古包很重要，需要避免来自西伯利亚的寒风进入蒙古包。蒙古包大多坐北朝南，门朝向南边，也有小部分朝东。

蒙古包的中心是最神圣的方位，是放置火灶的地方，寓意着延续家族的香火。当确定了蒙古包的中心位置后，蒙古族人要把陶脑①放在支火灶的位置上。再把木门、门楣、哈纳②、乌尼③、毡子等蒙古包的构件从勒勒车上卸下来，从门的位置开始，按顺时针由里到外平铺在相应的位置上。

---

① 陶脑：蒙古包的天窗。
② 哈纳：多根粗细和长度相同的光滑木棍，用绳子捆绑成可以伸缩的
　　网状支架。
③ 乌尼：连接哈纳与陶脑的包顶椽木。

蒙古族有个习俗，搭建房屋时，蒙古包的南侧不能有干枯的水塘、湖泊，这会给家族带来子嗣不兴、家族不旺的霉运。另外，大门不能正对远处的山尖，那是山神居住的地方，会带来不幸。

建蒙古包，首先要搭建骨架。固定门和哈纳是第一道工序。先把门立起来，将门楣的正中和陶脑的南北轴线对齐。

再把门框和哈纳捆绑在一起，保证木架的稳定。然后再插乌尼，安装陶脑，并用绳子捆好，稳定乌尼，防止陶脑倾斜。

按照以上步骤将蒙古包的骨架搭建好后，接下来用毡子将哈纳包裹起来。围毡子的时候要包裹严实，不能有缝隙，这样再大的风雪也吹不进屋里。

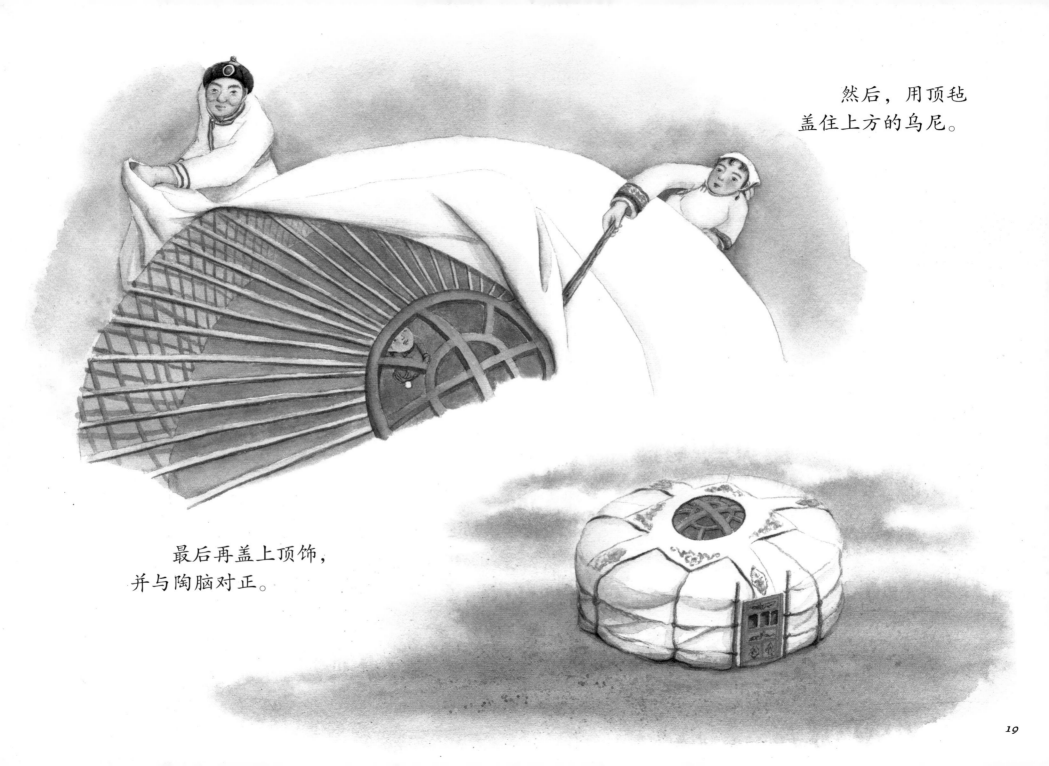

然后，用顶毡
盖住上方的乌尼。

最后再盖上顶饰，
并与陶脑对正。

在所有的毛毡中，蒙古包顶部的盖毡
是最受重视的。

盖毡摆放的位置必须端正，每个直角都要
与轴线对齐。

天气晴朗的时候，打开盖毡通风，让阳光照进来。雨雪天气时，盖上盖毡阻挡雨雪进入蒙古包内。盖毡铺设好以后，蒙古包的主体就搭建完毕了。

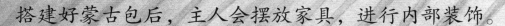

搭建好蒙古包后，主人会摆放家具，进行内部装饰。

蒙古包正中间摆放着约二尺高的火炉，这是一家人吃饭和取暖的地方。火炉的右侧放着炊具、碗柜，火炉的左边铺着地毯，地毯上摆放着矮脚的木桌。

男女用品的摆放与蒙古族千百年来男左女右的习俗相关。左边是男人的起居处，男人使用的物品都要放在左边，如马鞍、弓箭、马头琴等。

而右边是女人的起居处，碗
筷、针线等女性的物品也绝对不能
放到左边。

23

　　为了庆祝新建成的蒙古包，主人一家还会在帐内设灶生火，准备丰盛的食物来款待亲朋好友。收到邀请的客人会带着礼物和哈达，高高兴兴前去赴宴。大家落座后，长者先对新建的蒙古包进行祝贺与赞美，然后手捧哈达和银碗，一边吟唱祝赞词，一边把美酒祭洒到蒙古包里。

新房的祝福仪式结束后，主人与宾客们共同举杯畅饮马奶酒，吃着牛羊肉，弹起马头琴，唱着好来宝，跳起欢快的舞蹈，一起分享这份喜悦。

主人一家会在蒙古包外开展家庭集体劳作。一家人一起把剪下来的羊毛用棒子挑松，让羊毛自然舒展开来，成为绒絮状。小孩子特别喜欢松软的羊毛，常常把它当成玩具。

　　蒙古族人会把处理好的羊毛储藏起来，作为羊毛制品的物资储备。

　　一个蒙古包一般只住一对夫妻及其子女。子女成年或新婚后，要建新的蒙古包。经济条件较好的家庭或者成员多的家庭，会有多个蒙古包。长者居住在最西侧的蒙古包里，以示对长辈的尊敬。

　　当蒙古包外挂着一张弓或一块红布的时候，说明这个家庭刚添了新成员。弓代表男婴，红布代表女婴。

　　蒙古族人用载歌载舞的娱乐活动庆祝丰收。每年的农历六月初四开始举行为期五天的古老而神圣的那达慕盛会。盛会期间，蒙古族人身着盛装，举行盛大的集会，进行赛马、摔跤、射箭、歌舞等活动。其中，赛马尤其精彩，骑手们洋溢着青春的活力，扬鞭策马，争夺第一。

那达慕盛会是草原民族的文娱盛会，也是蒙古族独特的民族文化、风土人情的集中展示。

时光流转，季节变化，蒙古族人民开始寻找新的牧场。他们拆掉蒙古包，装上勒勒车，赶往下一个牧场。就这样，年复一年，周而复始，在不断寻找草场和新建蒙古包的岁月中，蒙古族人民不断进步和发展，创造了丰富多彩的蒙古族文化。

图书在版编目（CIP）数据

你好，中国的房子. 蒙古族的蒙古包 / 屠方, 刘欢著；尹涵迪绘. -- 北京：电子工业出版社，2022.7
ISBN 978-7-121-43489-1

Ⅰ. ①你… Ⅱ.①屠…②刘…③尹… Ⅲ.①蒙古族－民居－建筑艺术－中国－少儿读物 Ⅳ.①TU241.5-49

中国版本图书馆CIP数据核字（2022）第085048号

责任编辑：朱思霖
印　　刷：北京瑞禾彩色印刷有限公司
装　　订：北京瑞禾彩色印刷有限公司
出版发行：电子工业出版社
　　　　　北京市海淀区万寿路173信箱　邮编：100036
开　　本：889×1194　1/16　印张：22.5　字数：97.25千字
版　　次：2022年7月第1版
印　　次：2023年5月第4次印刷
定　　价：200.00元（全10册）

凡所购买电子工业出版社图书有缺损问题，请向购买书店调换。若书店售缺，请与本社发行部联系，联系及邮购电话：（010）88254888，88258888。
质量投诉请发邮件至zlts@phei.com.cn，盗版侵权举报请发邮件至dbqq@phei.com.cn。
本书咨询联系方式：（010）88254161转1859，zhusl@phei.com.cn。